光伏发电 环境友好

主　编　乔　琦　吕　芳　谢明辉
执行主编　谢明辉
副主编　张　嘉　李海玲　白　璐

中国环境出版社·北京

图书在版编目（CIP）数据

光伏发电环境友好 / 乔琦，吕芳，谢明辉主编. —
北京 : 中国环境出版社，2017.8
ISBN 978-7-5111-3170-6

Ⅰ. ①光… Ⅱ. ①乔… ②吕… ③谢… Ⅲ. ①太阳能光伏发电－普及读物 Ⅳ. ①TM615-49

中国版本图书馆CIP数据核字(2017)第094829号

中国环境出版社
第 一 分 社

出 版 人　王新程
责任编辑　孔　锦
责任校对　尹　芳
装帧设计　宋　瑞

出版发行　中国环境出版社
（100062　北京市东城区广渠门内大街16号）
网　　址：http://www.cesp.com.cn
电子邮箱：bjgl@cesp.com.cn
联系电话：010-67112765（编辑管理部）
010-67112735（第一分社）
发行热线：010-67125803，010-67113405（传真）
印装质量热线：010-67113404
印　　刷　北京盛通印刷股份有限公司
经　　销　各地新华书店
版　　次　2017年8月第1版
印　　次　2017年8月第1次印刷
开　　本　787×960　1 / 16
印　　张　3.5
字　　数　80千字
定　　价　39.00元

编委会

主　编

乔　琦　吕　芳　谢明辉

执行主编

谢明辉

副主编

张　嘉　李海玲　白　璐

编　委（按姓氏拼音字母排序）

白卫南　董　莉　刘景洋　孟立红

阮久莉　孙晓明　姚　扬　张　玥

本书得到了
中国可再生能源学会光伏专业委员会
的大力支持，
在此表示感谢！

前 言

改革开放以来，随着我国经济的高速发展，能源和环境的双重压力日益凸显。我国是原油进口大国，原油的对外依存度高达56%以上；我国已成为原煤进口第一大国；我国还是电力消费和电力装机世界第一大国……可是，我国常规能源储采比远远低于世界平均水平，从2007年开始我国已经成为世界二氧化碳第一排放国，且还将持续增高。

太阳能资源极其丰富、分布广泛、应用方便。光伏发电具有显著的能源、环境和经济效益，已成为世界各国普遍关注的技术和重点发展的产业。大力发展光伏发电在内的可再生能源战略新兴产业，加快能源结构调整，建立“自主、自立、清洁、可持续”的能源体系，是我国应对化石能源短缺和大气污染防治的双重难题的根本出路。

针对当前公众仍然存在着光伏“高污染、高能耗、高成本”的疑虑，我们特编写《光伏发电 环境友好》科普读本，基于近年科研成果，客观综合、通俗易懂地阐述光伏对于环境的清洁友好性。

本书部分资料来源于环保公益性行业科研专项“新能源产业（太阳能电池）环境影响和管理研究”课题、科技部863项目“光伏电站功率预测技术及与环境关系研究”以及战略研究项目“中国2020，2030，2050年路线图”课题的研究成果。

本书分为五章，第一章“神奇问世”，主要介绍晶体硅光伏电池的制造流程，由白璐执笔；第二章“清洁生产”，主要介绍晶体硅光伏电池生产过程主要污染物及其处理处置措施，由阮久莉执笔；第三章“生机勃发”，主要介绍光伏发电的应用，由李海玲、张嘉执笔；第四章“涅槃重生”，主要介绍光伏组件的回收利用，由董莉、刘景洋执笔；第五章“节能减排”，主要介绍光伏能源回收期及节能减排潜力，由谢明辉执笔。

书中难免有疏漏和不足之处，我们将进行不断修改完善，敬请各位专家和广大读者提出宝贵意见和建议。

编者

神奇问世
晶体硅光伏
制造流程

清洁生产
生产过程污染物
及处理处置

生机勃发
光伏发电的
应用

涅槃重生
光伏组件的
回收和再利用

光伏发电清洁环境友好性

节能减排

300 亿 m^2

3 900 亿 kWh

让你感到惊讶的数字

9 000元/kW **1.17**年

2.4万亿度

目录

第一章

神奇问世

晶体硅光伏制造流程

一、中国光伏之最

中国光伏产业近 10 年来高速发展，不仅成为光伏大国，还将成为光伏强国。中国光伏电池产量迅速增加，并从 2007 年起连续 9 年保持全球第一；2016 年中国以当年新增装机 34.24 GW 位居世界第一，累计装机容量达到 77.42 GW；中国光伏产品价格在近 10 年期间下降为原来的 1/10，促成全球 28 个国家已实现光伏可与常规能源竞争的“平价上网”（图 1）。

图 1　近年来年度新增装机

二、晶体硅光伏制造流程

晶体硅光伏组件制造流程较长，共包括多晶硅提纯、硅片制造、电池制造、组件封装 4 个生产环节，其制造流程如图 2 所示。

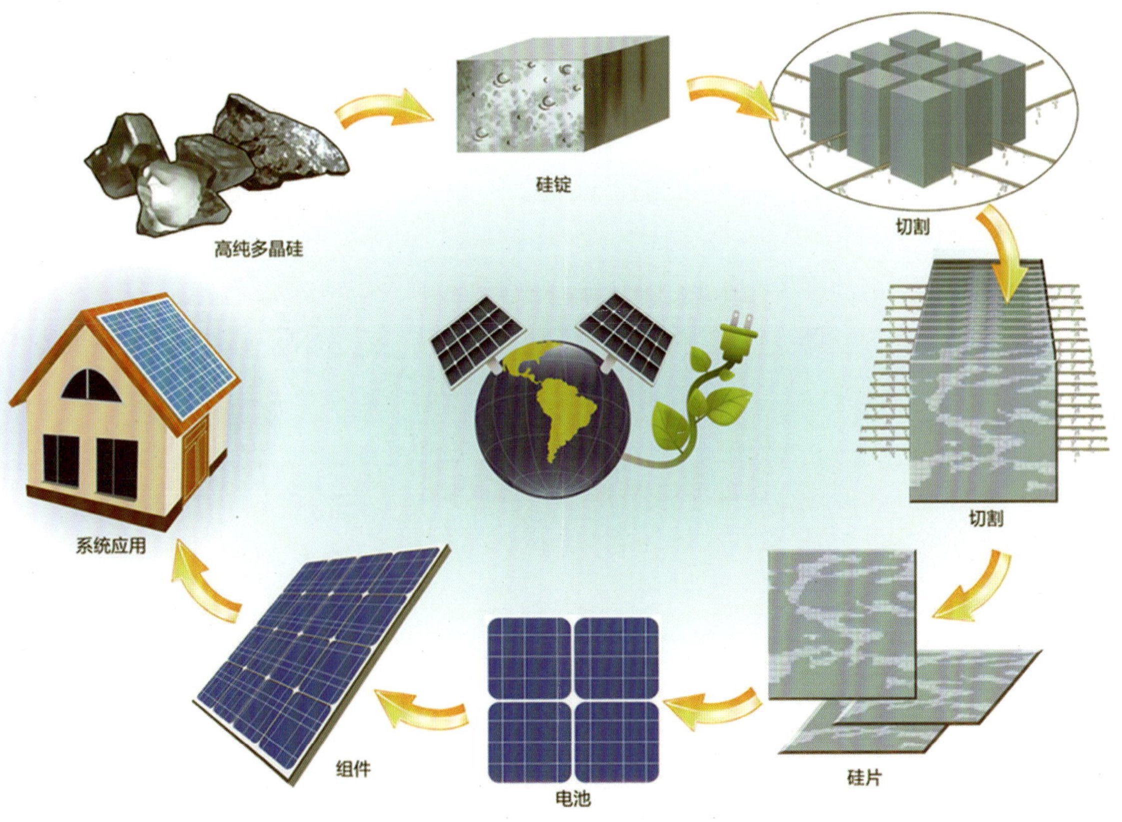

图 2　晶体硅光伏制造流程

第二章

清洁生产

生产过程污染物及处理处置

一、晶体硅光伏生产过程中的污染物

生产制造过程中会产生一定的废气、废水或固体废物，统称为“三废”，晶体硅光伏制造过程也不例外。图 3 展示了光伏制造过程中产生的“三废”种类、主要产生环节及处理措施。光伏制造过程中产生的绝大部分污染物经简单处理后即可达到国家安全排放标准，处理过程简单且工艺成熟，对环境影响比较小；个别光伏生产行业特有的污染物，如四氯化硅、废砂浆以及氟化物，下文将详细介绍其处理过程。

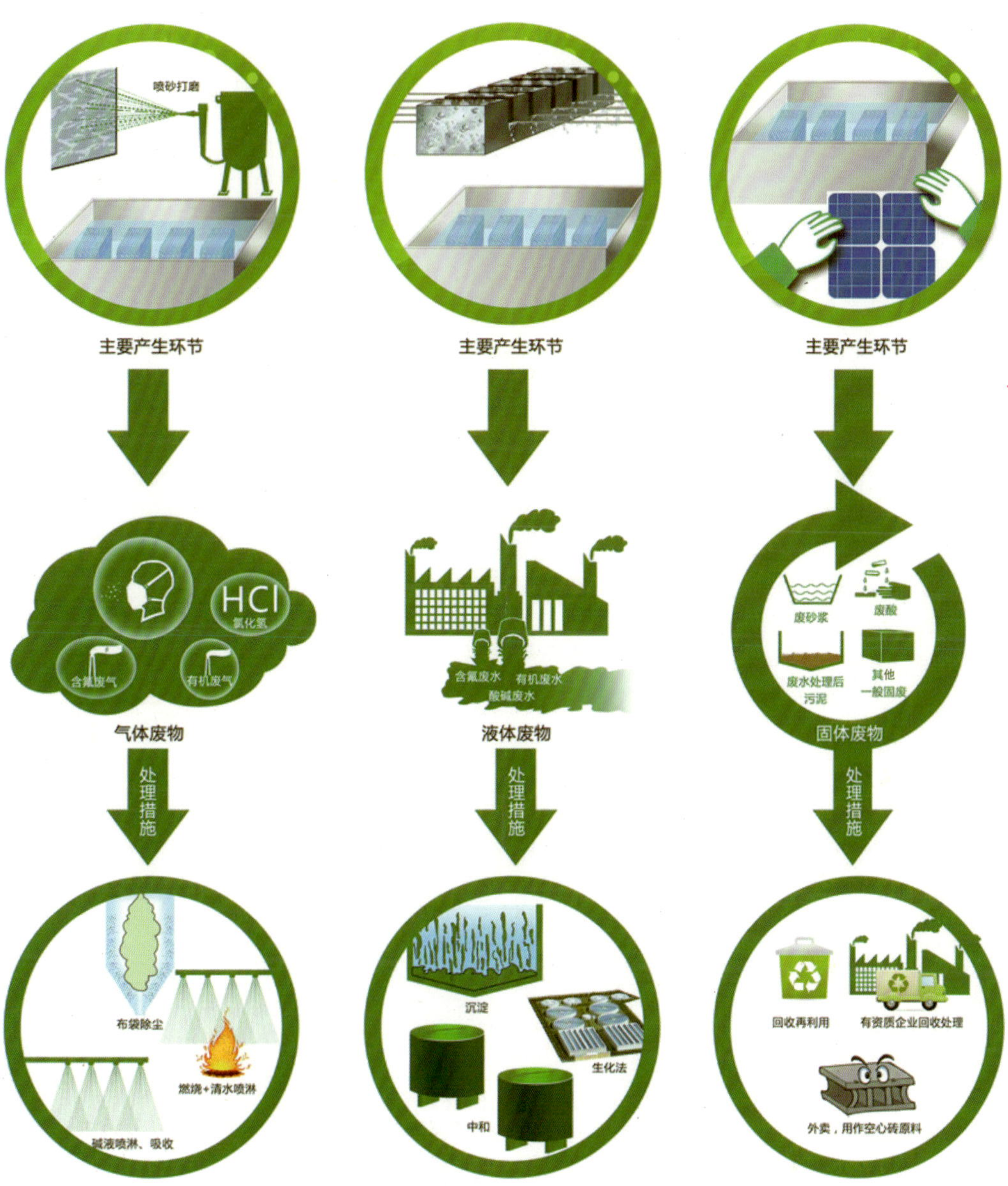

图3　光伏制造过程中产生的主要污染物

二、光伏组件制造过程中的特征污染物

1. 四氯化硅的去向

四氯化硅具有强腐蚀性，遇空气后分解为硅酸和剧毒的氯化氢气体，是一种会对环境造成很大影响的物质。在多晶硅暴利时代，随意排放四氯化硅对环境造成很大影响，引发了民众恐慌，我国光伏产业也因此被扣上“高污染”的帽子。

近年来，随着行业环保意识的增强、技术研发力度的加大和行业劣质产能的淘汰，高纯多晶硅生产过程产生的四氯化硅经过收集和提纯，通过氢化反应转化为三氯氢硅，并返回到生产工序中热解生成高纯多晶硅，实现了四氯化硅闭环回用零排放。

四氯化硅的闭环回收再利用不仅减少了环境风险，更带来了可观的经济价值，四氯化硅中硅元素的回收再利用实现了有害物质到有经济价值物质的转换。当前在成本压力下，企业都积极进行四氯化硅回收再利用以达到利润最大化（图 4）。

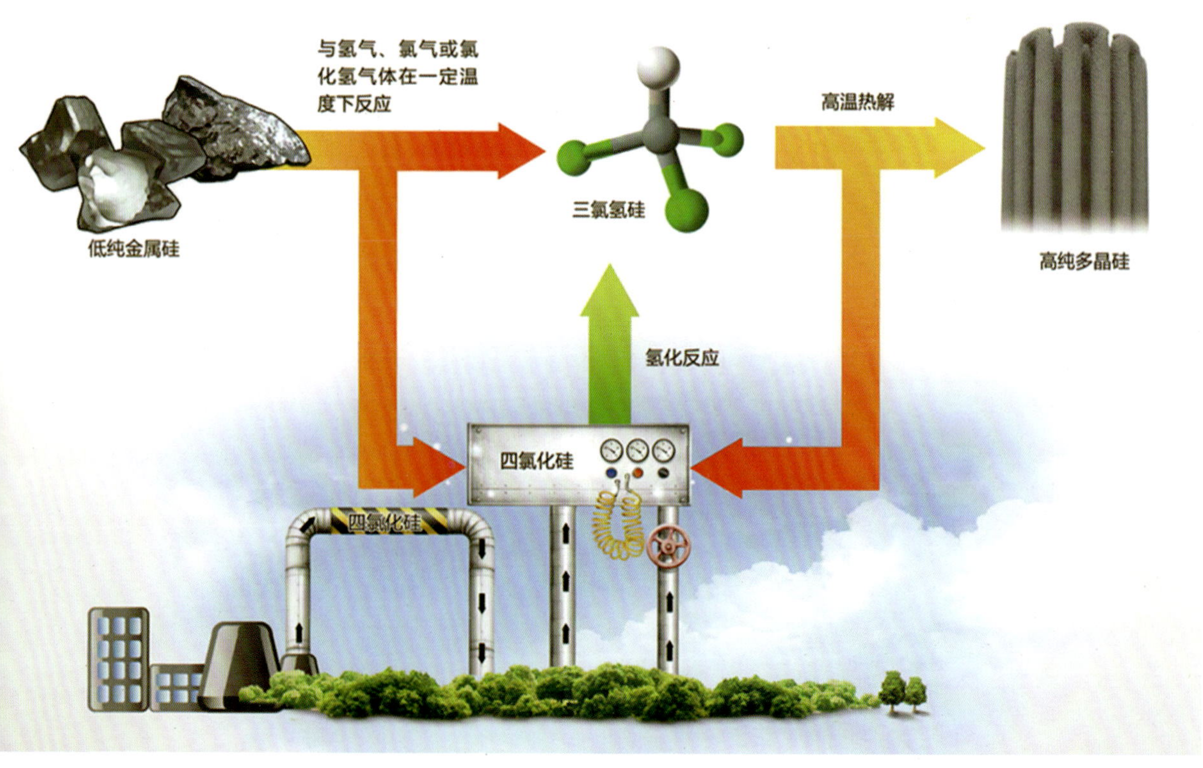

图 4　四氯化硅去向示意图

2. 废砂浆的回用

废砂浆产生于硅片切割工序。废砂浆中含有切割过程中产生的废聚乙二醇、废硅粉和废碳化硅，大量排放有机物聚乙二醇会造成水体富营养化，对生态环境造成极大的破坏。为降低废砂浆对环境的影响，减少生产成本和资源消耗量，光伏行业现已经实现废砂浆的回收再利用。切割过程产生的废砂浆直接进入收集缸，取出后由处理工厂回收处理，回收出纯度合格的聚乙二醇、碳化硅甚至硅粉，可直接用作砂浆切割液回用到硅片切割工序，实现废砂浆的回收再利用（图 5）。

此外，新的切割技术一金刚线切片技术因为其环保、高效率、线径更细、可切硅片更薄，将成为未来硅片切片的技术方向。2016 年，国内单晶切片已大部分由砂线切割转为金刚线切割。金刚线切割使用的冷却液回收工艺简单，可在线回收，切割废液中的硅粉也可进一步回收制成工业硅，实现资源高效利用。

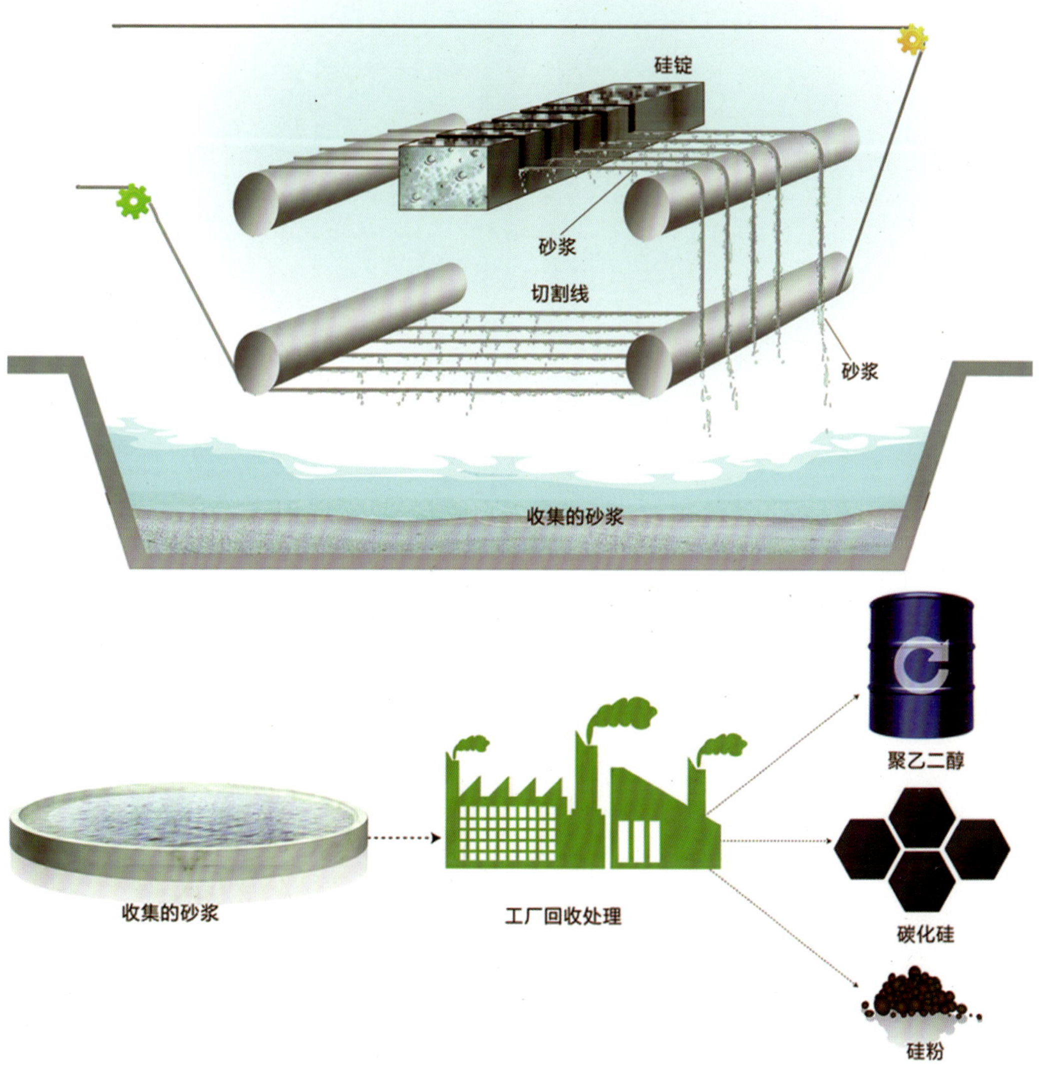

图 5　废砂浆回收示意图

3. 氟化物的处理

氟化物是一种对生态环境带来严重危害的物质。氟化物主要产生于硅料和硅片的清洗环节，其排放形式有两种：废水和废气。工厂建有专门的含氟废水处理池，通常情况下经过沉淀后，氟化物可沉淀在处理池底部形成污泥。每隔一段时间，污泥被取出作为制作空心砖的原料。含氟废气不可直接排放，在排放前需经过水性溶液的淋洗。在淋洗过程中，氟化物被收集在水溶液中形成含氟废水，被收集后进入含氟废水处理池进行处理（图 6）。

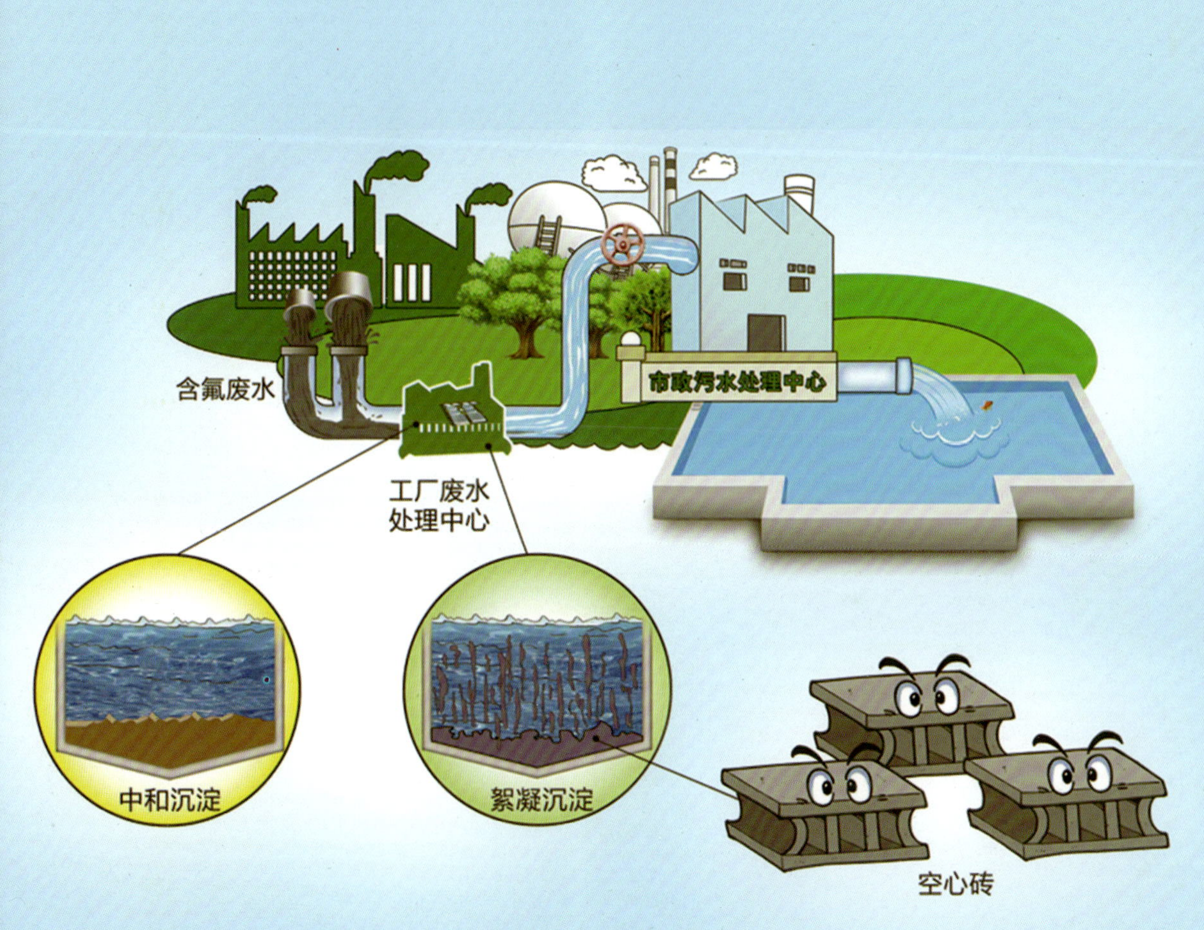

图6　氟化物处理示意图

第三章

生机勃发

光伏发电的应用

一、太阳能资源取之不尽，用之不竭，可再生并洁净环保

太阳一刻不停地向茫茫宇宙空间辐射着大量的电磁波，其中射向地球的那一部分，向地球输送了大量的光和热。据粗略估计，太阳每分钟向地球输送的热能大约是250亿亿卡①，相当于燃烧4亿吨烟煤所产生的能量，这是非常可观的。地球在一年中从太阳获得的能量，相当于人类现有各种能源在同期内所提供的能量的上万倍。地球上的化石能源（如煤、石油等）可能有枯竭的那一天，而太阳能却是“取之不尽，用之不竭的”[1]（图7）。

①1卡＝4.1868焦耳

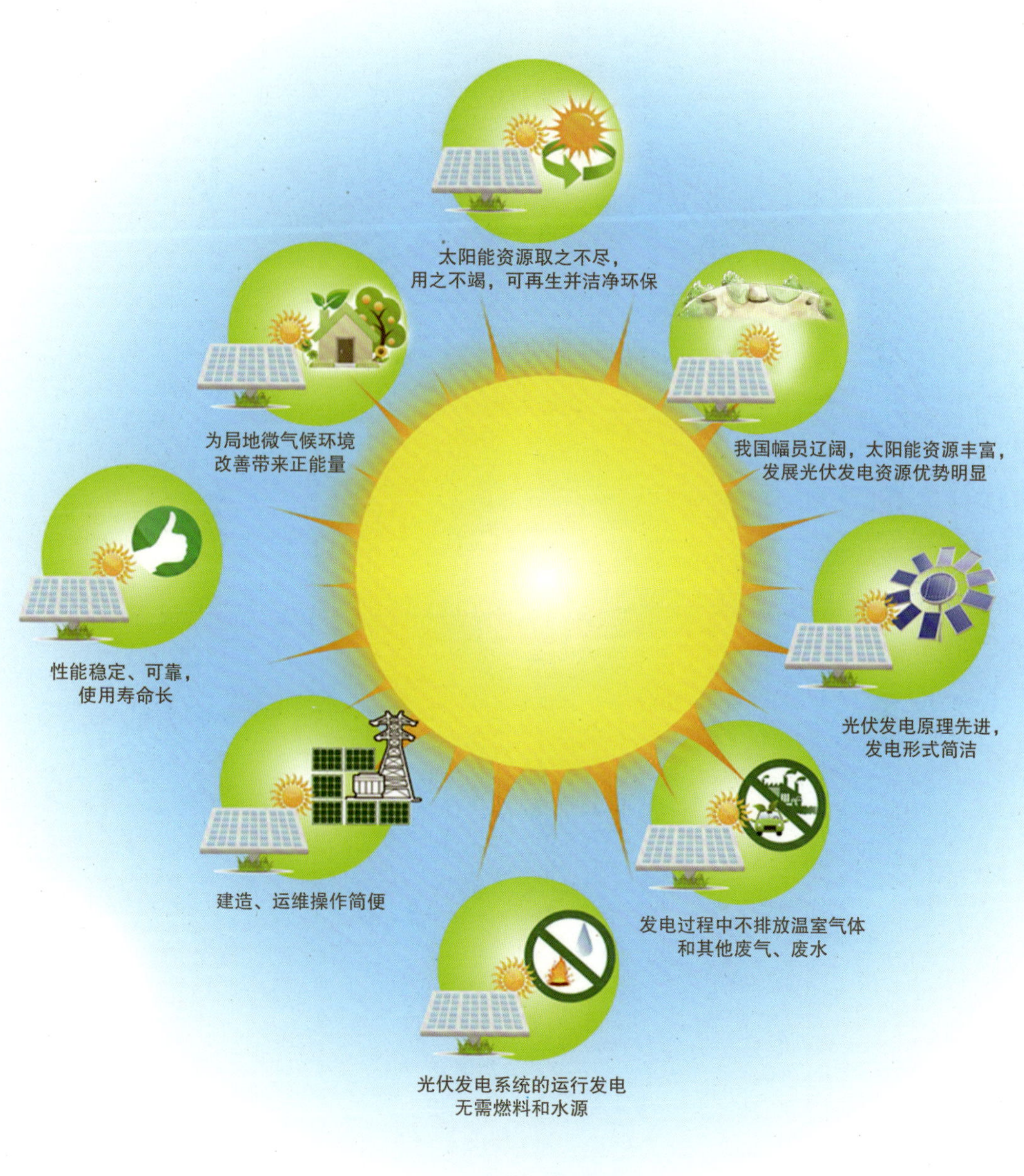
太阳能资源取之不尽，
用之不竭，可再生并洁净环保
我国幅员辽阔，太阳能资源丰富，
发展光伏发电资源优势明显
光伏发电原理先进，
发电形式简洁
发电过程中不排放温室气体
和其他废气、废水
光伏发电系统的运行发电
无需燃料和水源
建造、运维操作简便
性能稳定、可靠，
使用寿命长
为局地微气候环境
改善带来正能量

图 7　光伏发电的优点

二、我国幅员辽阔，太阳能资源丰富，发展光伏发电资源优势明显

中国太阳能资源丰富，且总体表现出“高原大于平原、西部干燥区大于东部湿润区”的资源分布特点。青藏高原太阳能资源最为丰富，年总辐射量普遍超过 1 800 千瓦时每平方米，部分地区甚至超过 2 000 千瓦时每平方米。

根据年太阳总辐射量的多少，可划分为最丰富、很丰富、丰富、一般四个等级。青藏高原及内蒙古西部是中国太阳总辐射资源“最丰富区”（大于 1 750 千瓦时每平方米），占全国陆地面积的 19.7%；以内蒙古高原至川西南一线为界，其以西、以北的广大地区是资源“很丰富区”，普遍有 1 400 ～ 1 750 千瓦时每平方米，占全国陆地面积的 46.2%；东部的大部分地区，资源量一般有 1 050 ～ 1 400 千瓦时每平方米，属于资源“丰富区”，占全国陆地面积的 30.4%；四川盆地由于海拔较低、且全年多云雾，一般不足 1 050 千瓦时每平方米，是资源“一般区”，约占全国陆地面积的 3.7%（图 8）。

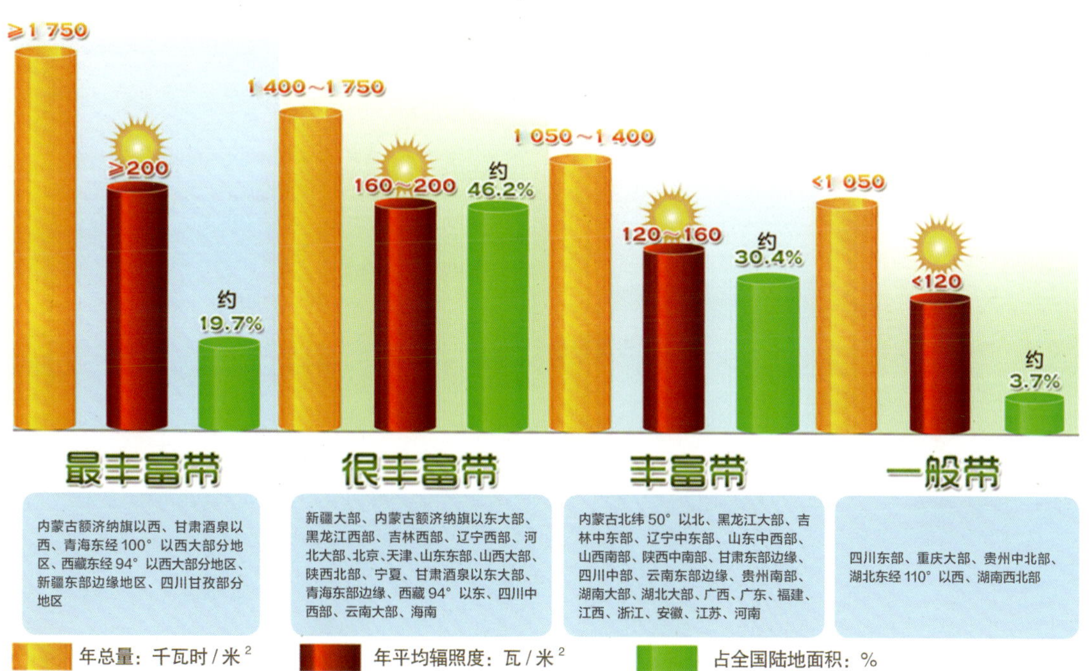

图8　中国太阳能年总辐射量分区

三、光伏发电原理先进，发电形式极为简洁

太阳能光伏发电是太阳能利用的一种重要形式，是采用太阳电池将光能转换为电能的发电方式。太阳电池的基本原理为半导体的光伏效应，即在太阳光照射下产生光电压现象（图 9）。

太阳能光伏发电利用太阳电池这种半导体电子器件有效地吸收太阳光辐射能，实现直接从光子到电子的转换，没有中间过程（如热能—机械能、机械能—电磁能转换等）和机械运动。实验室研究的单个 p-n 结单晶硅电池效率最高已经接近 25%；而多个 p-n 结的化合物半导体电池效率已经超过 40%。

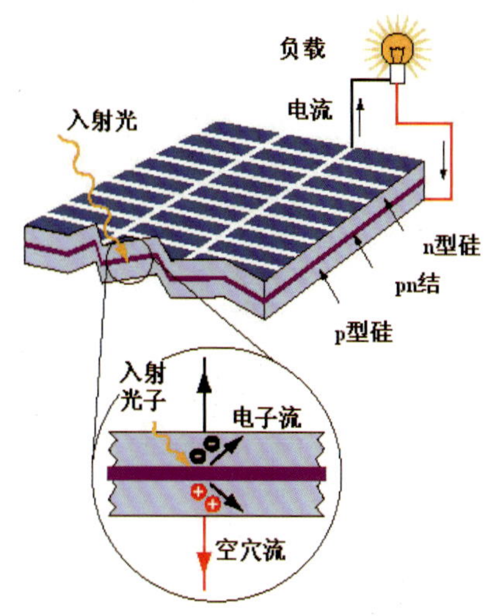

图 9　太阳能发电原理

如何估算光伏系统发电量

光伏系统发电量计算公式为：

组件安装容量 × 有效日照小时数 × 系统效率 = 发电量

以北京地区为例，一套设计合理（实际运行效率 80%）、采用质量性能较好的组件和并网逆变器的光伏系统，年均利用小时数可达 1 400 小时，那么 1 兆瓦光伏系统每年发电量可达 1 000 千瓦 ×1 400 小时 ×80% ＝ 112 万度[①]电，可满足一个一般规模社区（含 300 ～ 500 户普通家庭）全年用电需求（以一个家庭每月用电量为 200 度电计算）（图 10）。

① 1 度＝ 1 千瓦时

四、光伏发电系统的运行发电无需燃料和水源

只要是能获得光照的地方就可以使用太阳能光伏发电系统，不受海拔、地域等因素的制约，应用范围广泛。

五、光伏发电系统建造、运维操作简便

太阳电池组件结构简单，体积小且重量轻，便于运输；易于建造安装、拆卸迁移；可根据不同系统容量，实现模块化安装，而且易于随时扩大发电容量，大大缩短建设周期。

光伏发电系统无机械转动部件，不会产生噪声，更重要的是，操作维护简单，系统运行稳定性可靠性提高。随着自动控制技术的发展，光伏发电系统可实现无人值守运行，运行维护成本大大降低。

六、光伏发电系统性能稳定、可靠，使用寿命长

目前世界上普遍认为晶硅光伏电池的平均寿命是 25~30 年。这里所说的组件 25 年寿命期，是指组件的功率质保期，即 25 年后组件的功率不低于初始功率的 80%，而并不是指组件完全不发电或者很少发电。实际上光伏组件效率衰减是一个缓慢的过程，因此光伏组件完全可以在 30 年甚至更长时间内为人类持续提供清洁电力。

图10 估算光伏系统发电量的方法

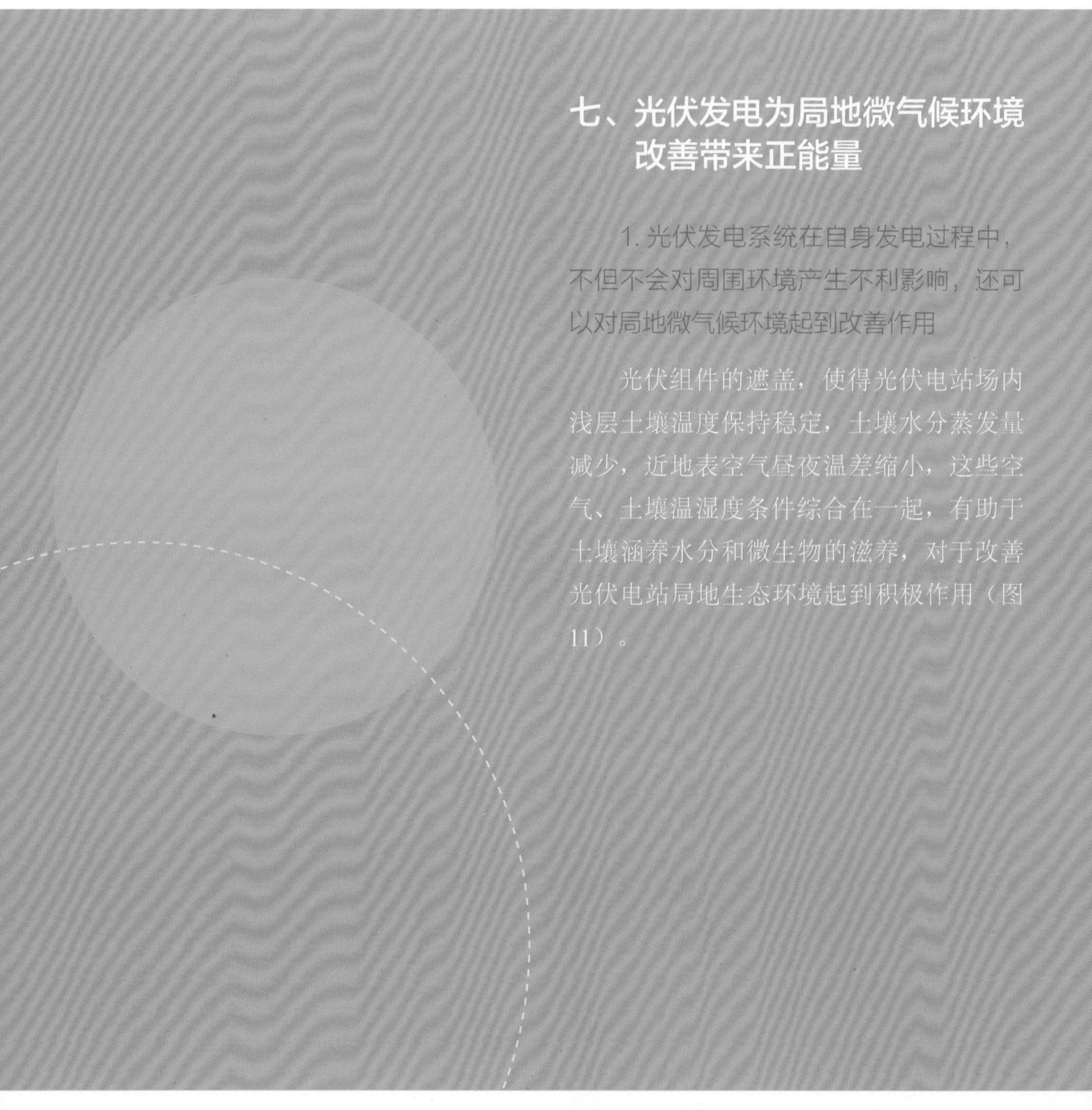

七、光伏发电为局地微气候环境改善带来正能量

1. 光伏发电系统在自身发电过程中，不但不会对周围环境产生不利影响，还可以对局地微气候环境起到改善作用

光伏组件的遮盖，使得光伏电站场内浅层土壤温度保持稳定，土壤水分蒸发量减少，近地表空气昼夜温差缩小，这些空气、土壤温湿度条件综合在一起，有助于土壤涵养水分和微生物的滋养，对于改善光伏电站局地生态环境起到积极作用（图11）。

图 11　光伏发电为局地微气候环境改善带来正能量

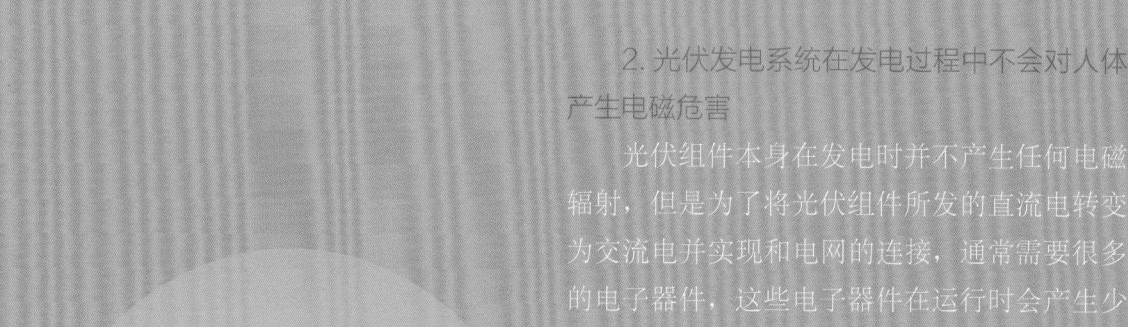

2. 光伏发电系统在发电过程中不会对人体产生电磁危害

光伏组件本身在发电时并不产生任何电磁辐射，但是为了将光伏组件所发的直流电转变为交流电并实现和电网的连接，通常需要很多的电子器件，这些电子器件在运行时会产生少量电磁辐射。

这里用光伏发电系统的电磁环境指代存在于光伏系统周边的由于运行产生的电磁现象的总和。

经科学测定，太阳能光伏发电系统的电磁环境低于各项指标的限值，在工频段，太阳能光伏电站电磁场辐射值甚至低于常用家用电器，不会对人身健康产生影响。

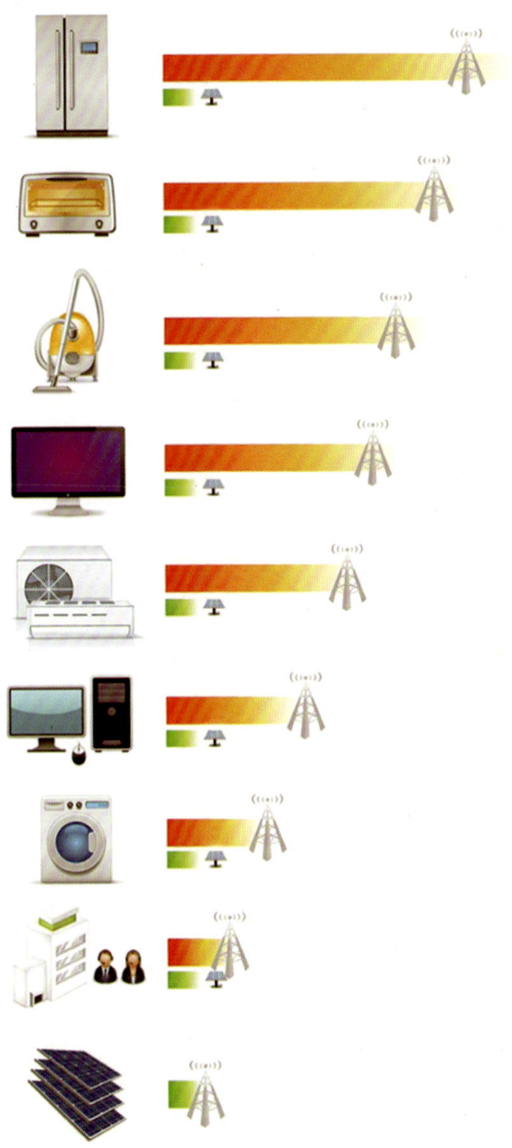

图 12　工频下光伏电站与常用家用电器电磁辐射测试结果对比

第四章

涅槃重生

光伏组件的回收和再利用

太阳能光伏组件的寿命约为 25 年，随着光伏行业的快速发展，未来会有大量的退役光伏组件面临回收再利用的问题。据研究预测，到 2034 年，我国将产生至少 6 万千瓦的废弃光伏组件。光伏组件中的硅、银、铜、铝等有价值的资源，大部分都能通过回收实现物料循环再利用，可节约资源，减少原生资源的开采及降低资源提炼的耗能，从而减轻由此带来的对生态环境的影响和破坏。因此，光伏组件的回收与无害化处理，是当前国际国内产业界和环境界十分关注的问题，对于有效缓解资源供应的紧张及减少环境污染有着重要的意义。

国际上对于光伏组件回收技术的研究已有 10 多年，欧洲、美国、日本及韩国等国家和地区都积极开展了相关的研究工作。欧盟修订了报废电子电气设备 (WEEE) 指令，自 2014 年 2 月起全面正式生效。WEEE 修订版第一次将光伏组件纳入其中，规定报废的光伏组件和家用电器作为一类产品进行强制回收处理。因此，国际上对于光伏组件回收的技术和政策都有了一定基础。在我国，随着近几年光伏行业的迅猛发展，光伏组件回收的技术和政策体系也逐步受到关注。科技部和环保部都于近期部署了相应的研究项目开展工作，致力于探索能耗低、污染小、经济可行的光伏组件回收再利用技术路径（图 13）。

图 13　晶体硅光伏组件全生命周期示意图

光伏组件资源化回收技术方法

光伏组件的回收处理方法有热分解法、无机化学法、有机化学法和深冷静电分离法等。

热分解法是将光伏组件放入加热炉中，通过一定的温度控制，使 EVA 和背板材料分解去除，可有效分离硅电池、金属边框、钢化玻璃和镀锡铜线，对剩余的每部分材料分别回收处理。

无机化学法主要是对硅电池进行资源化回收。通过酸碱作用，可分步回收电池中的铝、银金属，再去除硅表面的杂质，得到高纯度的多晶硅，实现太阳能电池高纯多晶硅再生利用。

2012 年，中国环境科学研究院采用“热分解法 + 无机化学”法实现了对光伏组件的拆解回收，如图 14 所示。

拆解后可回收的资源如图 15 所示。

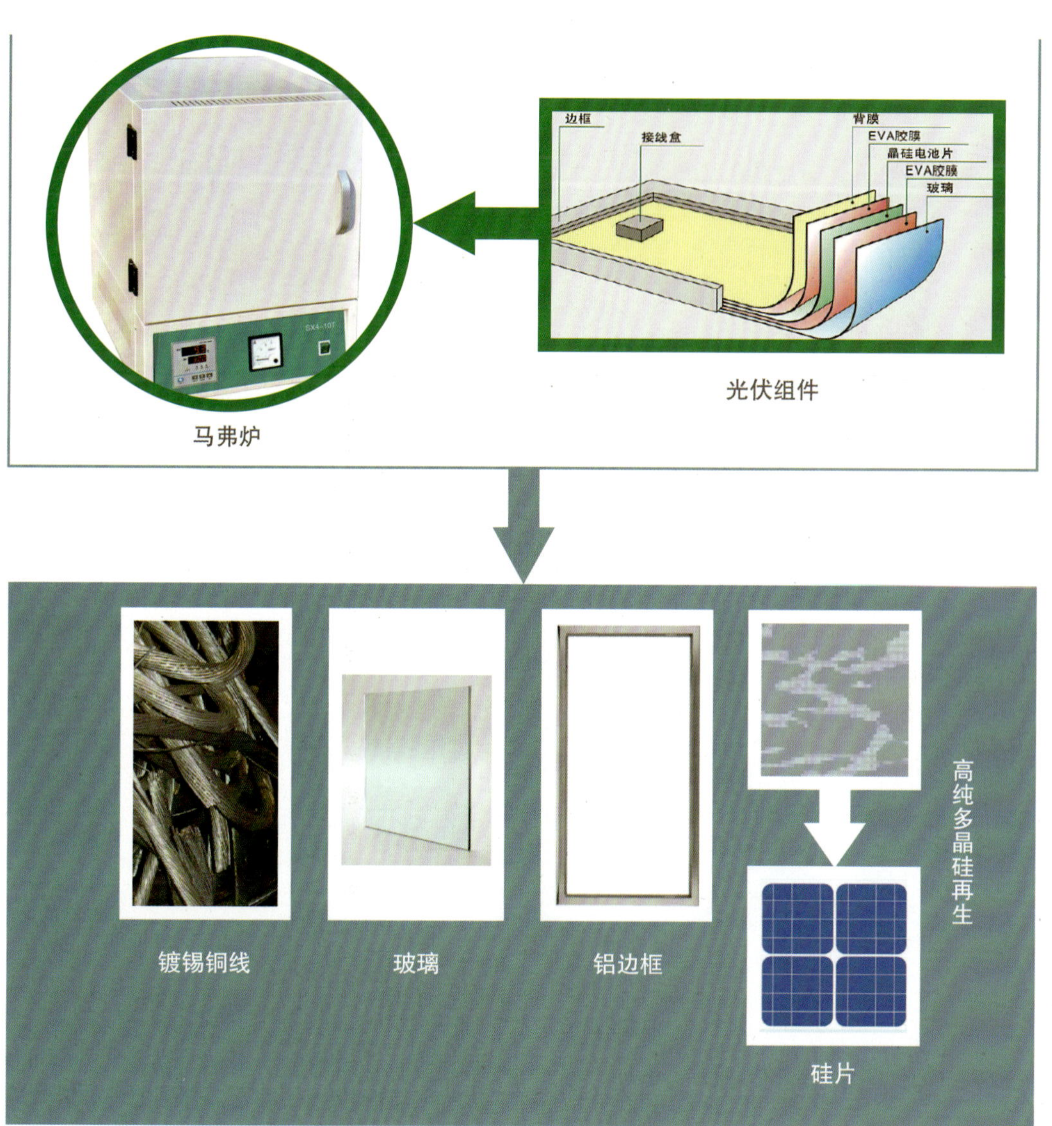

图14　热分解法对光伏组件的拆解回收

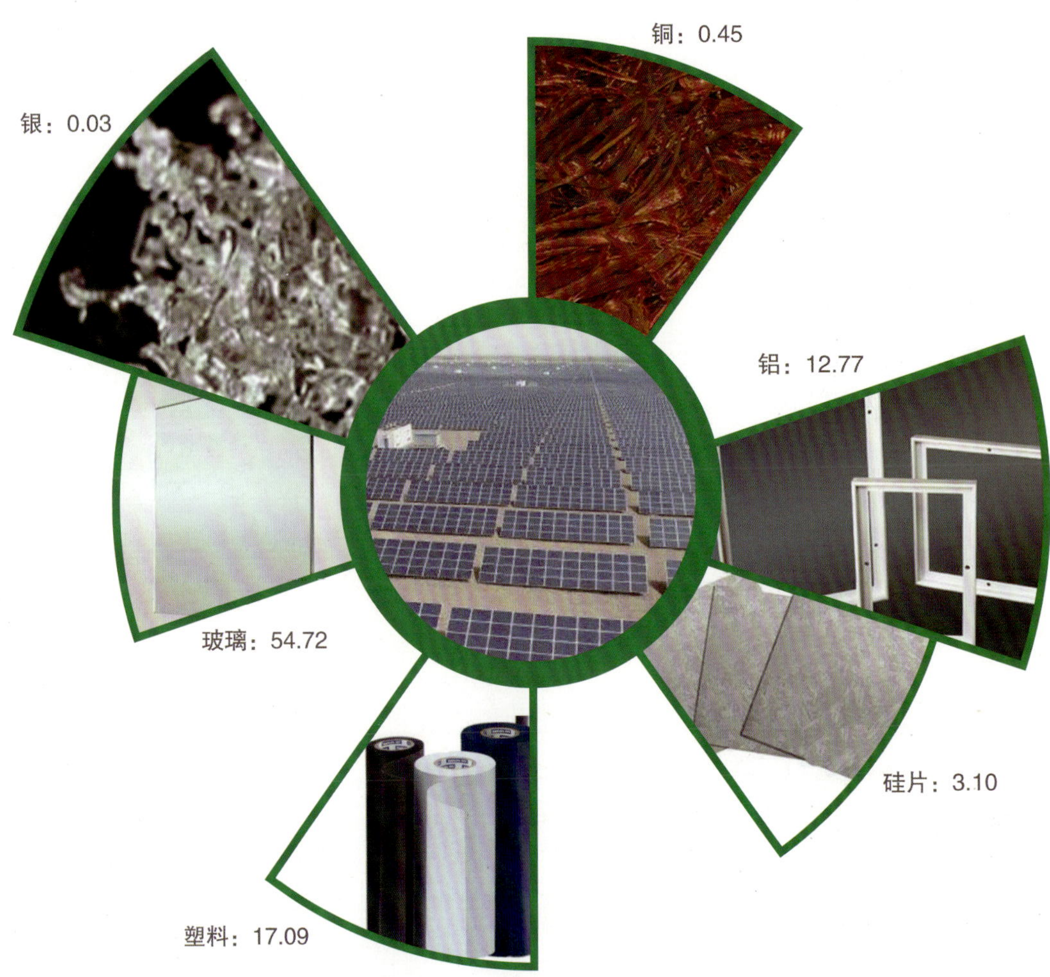

废弃物产生量（单位：kg/kW）
数据来源：中国可再生能源学会，2012

图15　拆解后可回收的资源

第五章

节能减排

让你感到惊讶的数字

一、能量回收期

光伏发电系统的能量回收期＝光伏系统全生命周期内的总能耗 ÷ 光伏系统年发电量

即光伏发电系统几年内能把自己生命周期内消耗的能量回收回来。光伏系统的能量回收期不仅考虑了光伏制造过程的能源消耗，也考虑了光伏组件外其他部件的能量消耗。显然，回收期越短越好。能量回收期是判断可再生能源的指标之一。欧洲光伏产业协会 EIPA 的研究表明，根据光伏系统的类型和安装位置，不同类型的光伏系统的能量回收期为 0.5 ～ 1.4 年[4]。

根据南开大学最新一项关于我国晶体硅光伏系统能量回收期的测算结果[6]：我国多晶硅光伏系统能量回收期为 1.6 ～ 2.3 年。

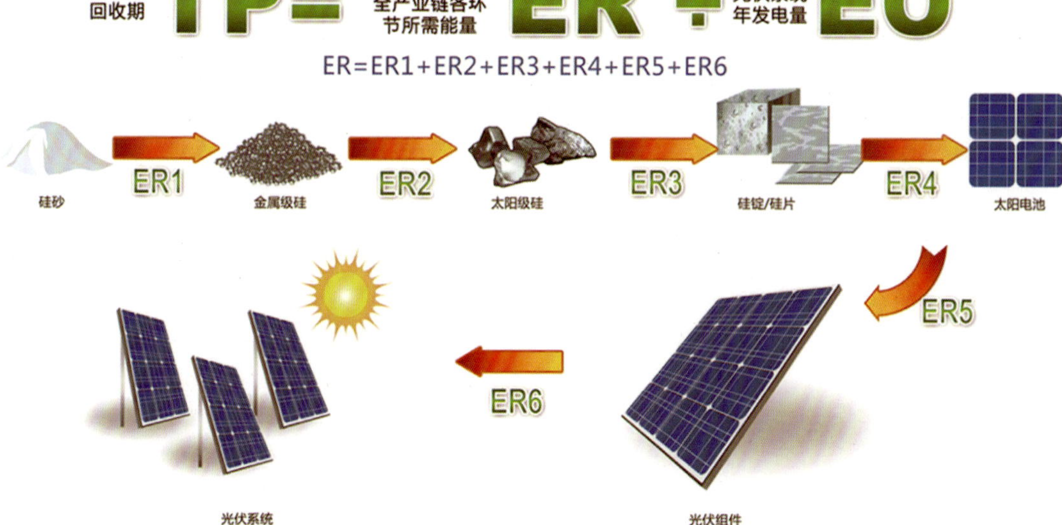

图 16　能量回收期的测算方法

二、节能减排潜力

光伏发电过程中不排放温室气体和其他废气、废水，光伏电力是真正的环境友好型绿色电力。

美国可再生能源国家实验室 NREL 基于对 13 个不同类型的多晶硅光伏系统（欧洲 2005—2006 年制造水平）的全生命周期二氧化碳排放研究，在太阳辐射量为每年每平方米 1 700 千瓦时，系统寿命为 30 年，组件效率为 13.2% ～ 14.0%，系统发电效率为 75% ～ 80% 的条件下，得出了多晶硅光伏系统全生命周期内每发一度电产生的二氧化碳的平均值为 45 克，而以煤为原料的火力发电全生命周期内，每发一度电产生的二氧化碳的平均值为 1 000 克 [2]。

根据环保部 2012 年环保公益性行业科研专项"新能源行业环境影响和管理研究"成果显示（我国 2012—2013 年制造水平），在太阳辐射量为每年每平方米 1 700 千瓦时，系统寿命为 30 年，组件效率为13.2% ～ 14.0%，系统发电效率为80%的条件下，多晶硅光伏系统全生命周期内每发一度电产生的二氧化碳的平均值为 31 克，而以煤为原料的火力发电全生命周期内每发一度电产生的二氧化碳的平均值为 1 149 克。

同时，研究结果还显示安装 1 平方米太阳能光伏组件替代火力发电，可减少二氧化碳排放 7 412 千克，减少 $PM_{2.5}$ 排放量 4.8 千克，形象地说，安装 1 平方米太阳能光伏组件相当于每年植树造林约 2.8 棵，减少行车 3.5 万千米（国Ⅳ标准）。30 年内植树造林 100 平方米，减少开车百万千米。

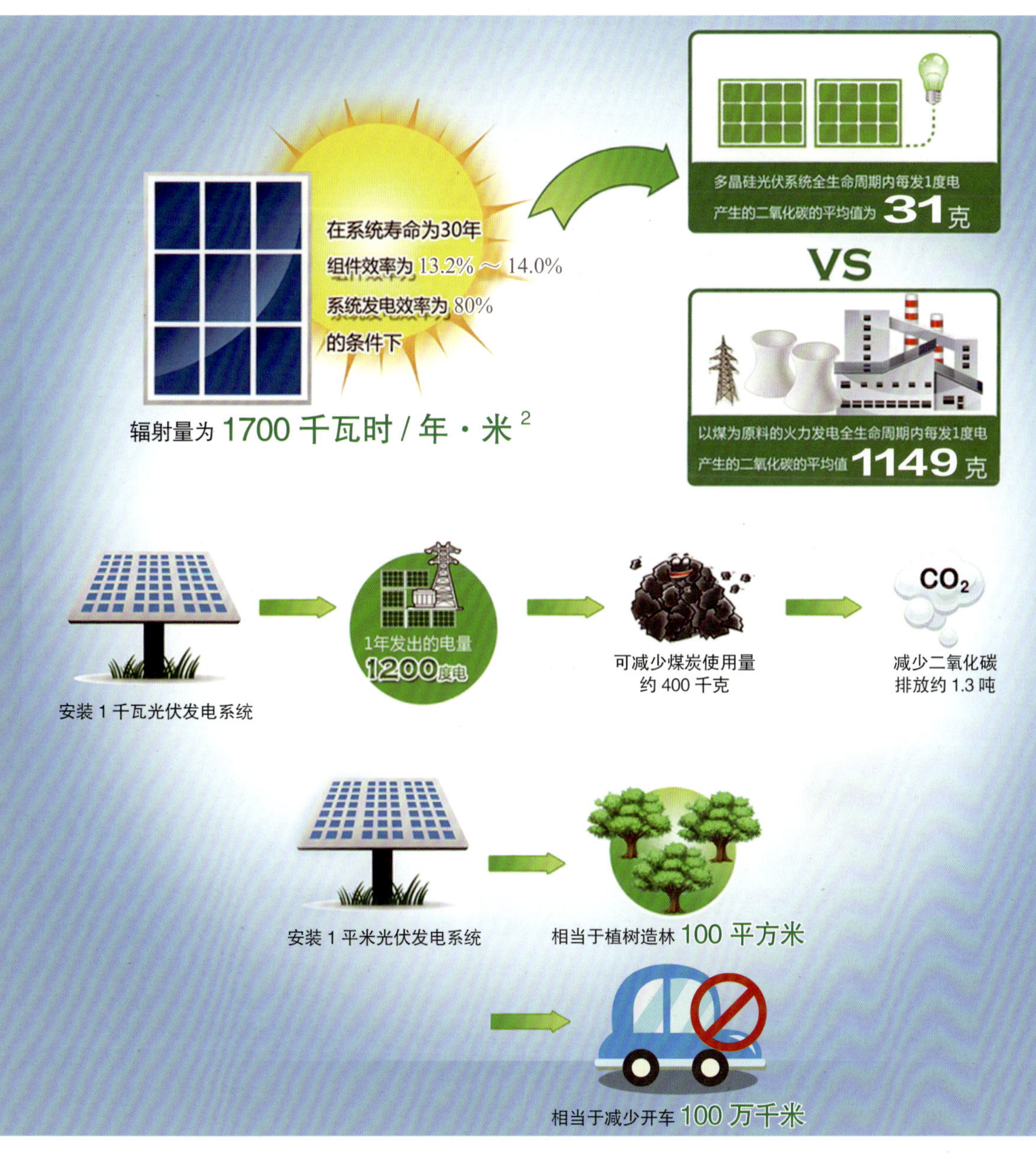

图 17　光伏电力是真正的环境友好型绿色电力

三、荒漠资源潜力

我国约12%的国土面积为不能用于耕作的沙漠、戈壁和滩涂，总面积约为128万平方千米，其中戈壁面积57万平方千米，开发利用5%的戈壁面积可安装超过15亿千瓦的太阳能光伏发电系统，按照我国戈壁地区平均年等效利用小时数1 600小时计算，则年发电量可以达到2.4万亿度电，约相当于27.5个三峡电站的全年发电量[7]。（按照三峡电站2015年全年发电870亿度估算）

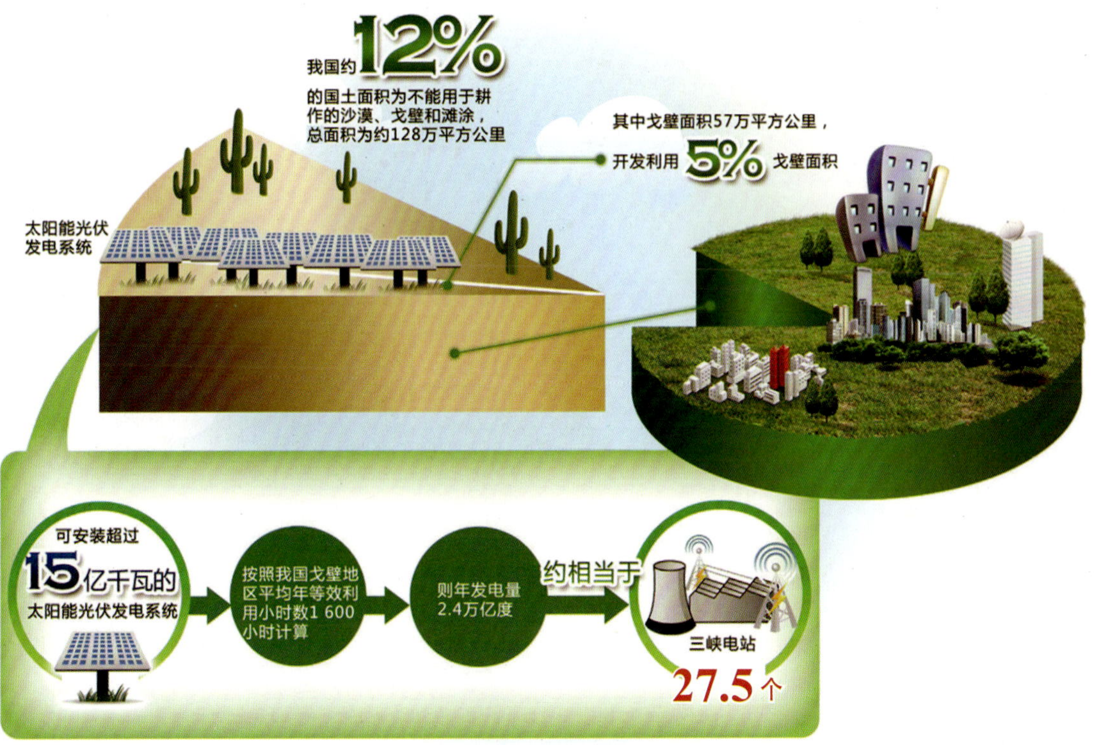
我国约12%
的国土面积为不能用于耕
作的沙漠、戈壁和滩涂，
总面积为约128万平方公里
其中戈壁面积57万平方公里，
开发利用5%戈壁面积
太阳能光伏
发电系统
可安装超过
15亿千瓦的
太阳能光伏发电系统
按照我国戈壁地
区平均年等效利
用小时数1 600
小时计算
则年发电量
2.4万亿度
约相当于
三峡电站
27.5个

图18　荒漠资源潜力

四、建筑资源潜力

按照国家住宅与居住环境工程技术研究中心推算数据，2020 年我国建筑总面积将达到 700 亿平方米，其中可利用的南墙和屋面面积为 300 亿平方米，按照可利用面积的 20% 用于安装光伏系统计算，则届时可安装光伏的面积约为 60 亿平方米。根据每 20 平方米安装 1 千瓦光伏系统进行计算，2020 年建筑光伏系统最大装机容量可高达 3 亿千瓦，由于 80% 的屋面面积位于我国中东部地区，因此建筑光伏的主要建设区域在中东部地区。按照中东部地区年平均等效利用小时数为 1 300 小时，2020 年建筑光伏年发电量约为 3 亿千瓦 ×1 300 小时＝3 900 亿度电，约相当于 5 个三峡电站的全年发电量。（按照三峡电站 2015 年全年发电 870 亿度估算）

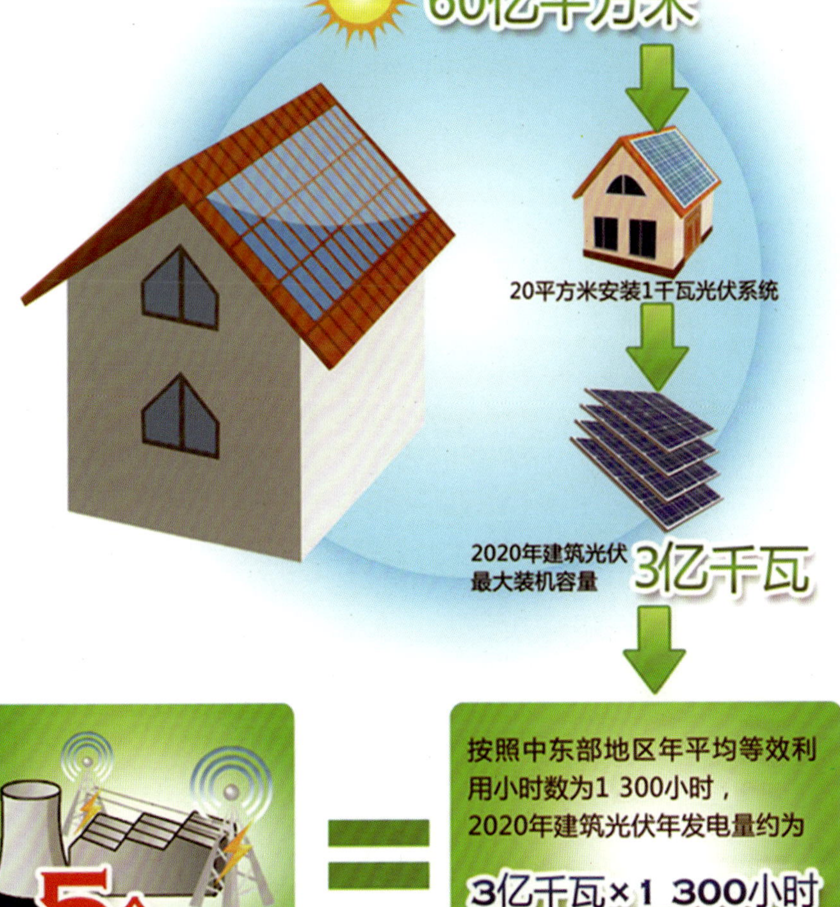
2020年我国建筑总面积将达到700亿平方米，其中可利用的南墙和屋面面积为
300亿平方米
按照可利用面积的20%用于安装光伏系统计算，则届时可安装光伏的建筑面积约为
60亿平方米
20平方米安装1千瓦光伏系统
2020年建筑光伏最大装机容量
3亿千瓦
5个三峡电站
=
按照中东部地区年平均等效利用小时数为1 300小时，2020年建筑光伏年发电量约为
3亿千瓦×1 300小时
=3 900亿度电

图19　建筑资源潜力

五、投资回收期

对于分布式光伏系统，一般家庭分布式光伏发电系统安装容量为 3 ～ 10 千瓦，按成本为 6 ～ 7 元来计算，系统投资为 2 万～ 7 万元。根据光照条件、用户侧电价、补贴及系统成本的不同，约 10 年即可以回收成本，按照光伏系统的寿命期 25 年计算，余下的 15 年间所产生的电量收入会成为利润。对于安装在普通工商业用户的分布式光伏系统，因为其享受的电网零售电价较普通居民用户要高，在现有分布式电价补贴机制下，其系统投资回收期更短，约为 8 年。

对于大型光伏电站，按照初投资 6 500 元 / 千瓦计算，在标杆上网电价为 0.65 元的太阳能资源 1 类地区，如中国西部甘肃、青海、新疆等省份，年等效利用小时数为 1 500 小时，投资回收期约为 6 年，按照光伏系统寿命期 25 年计算，余下的约 19 年所产生的电量收入会成为利润。

一般的家庭分布式光伏发电系统
安装容量约3-10千瓦左右，按单
瓦成本6~7元来计算，系统投资约
2万～7万元
10年
可以回收成本
15年
所产生的电量
收入会成为利润
光伏系统
的寿命期
25年
大型光伏电站，按照初投资
6 500元/千瓦
6年
投资回收期
19年
所产生的电量收
入会成为利润
光伏系统
的寿命期
25年

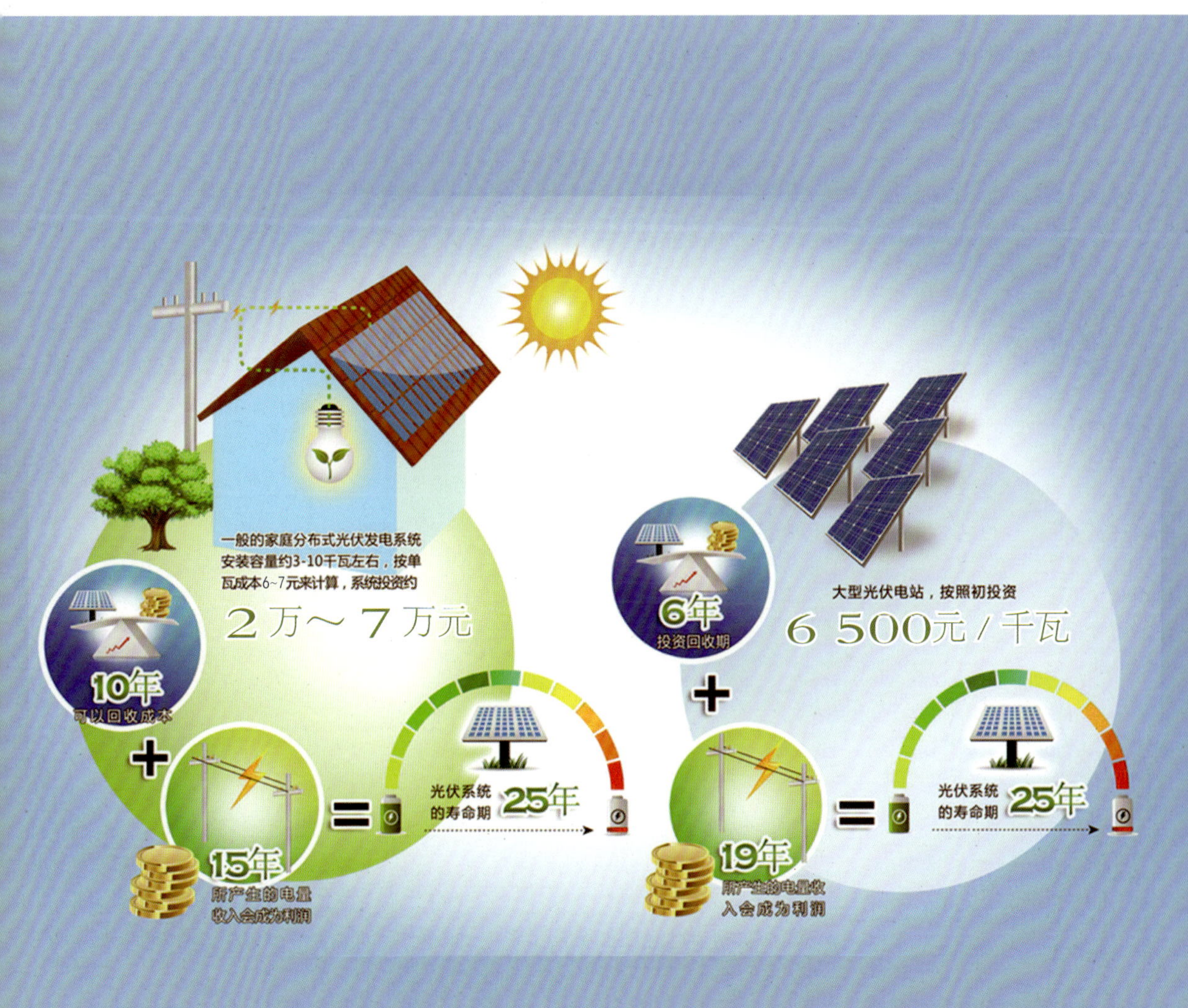

图20　投资回收期

六、中国太阳能“十三五”发展规划

在欧洲，自 2010 年起光伏发电已经成为第一大新增装机电源，预计到 2030 年，欧洲光伏累计装机容量将达到 3.97 亿千瓦，其发电量可满足欧洲 15% 的用电需求，相当于减少 5 亿吨 / 年原油消耗量。美国计划在 2020 年前实现太阳能发电成本与传统能源可竞争，2030 年光伏累计装机容量达到 3 亿千瓦，发电量可满足美国 11% 的用电需求。2050 年，预计欧美光伏累计装机容量将超过 15 亿千瓦，发电量可满足其 30% 的用电需求，光伏发电将成为全球主要能源之一[5]。

根据国家能源局 2017 年 1 月发布的《能源发展“十三五”规划》及《可再生能源发展“十三五”规划》，提出到 2020 年光伏累计装机达到 1.1 亿千瓦，预计 2030 年、2050 年我国光伏累计装机容量将达到 4 亿千瓦和 10 亿千瓦。

发展目标

1 开发利用目标

到2020年底，太阳能发电装机达到**1.1亿千瓦**以上，其中光伏发电装机达到**1.05亿千瓦**以上，太阳能热发电装机达到**500万千瓦**。太阳能热利用集热面积达到**8亿平方米**。

到2020年，太阳能年利用量达到1.4亿吨标准煤以上。

成本目标 2

到2020年，光伏发电电价水平在2015年基础上下降**50%**以上，在用电侧实现平价上网目标；太阳能热发电成本低于**0.8元/千瓦时**；太阳能供热、工业供热具有市场竞争力。

光伏发电建设与发电成本持续降低。

3 技术进步目标

先进晶体硅光伏电池产业化转换效率达到**23%**以上，薄膜光伏电池产业化转换效率显著提高，若干新型光伏电池初步产业化。光伏发电系统效率显著提升，实现智能运维。太阳能热发电效率实现较大提高，形成全产业链集成能力。

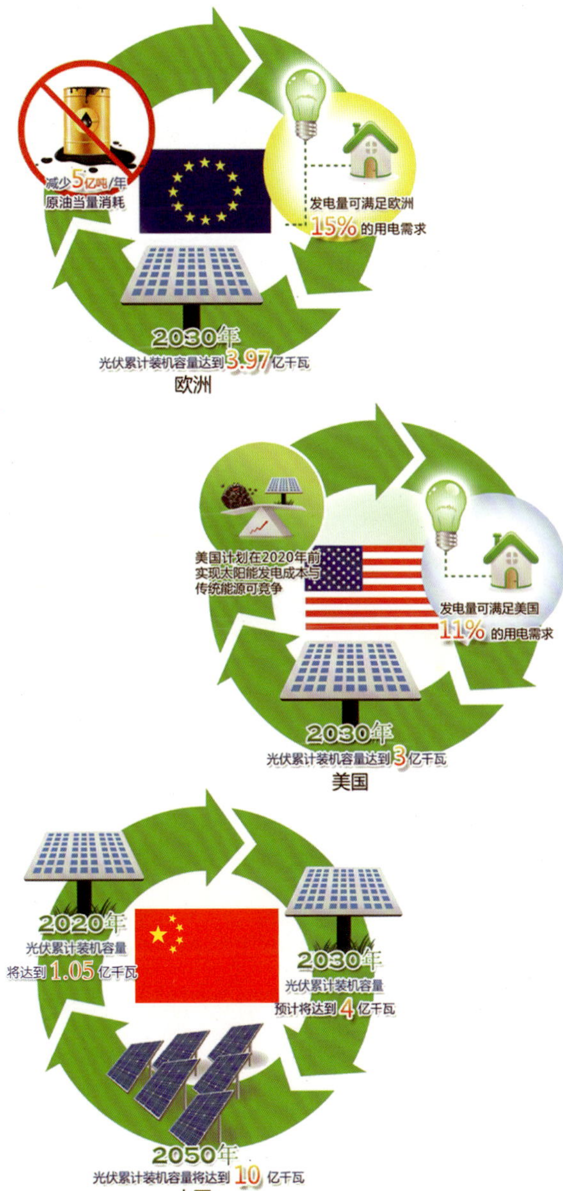

图21　中长期光伏发展规划目标

参考文献

[1] 中国数字科技馆地球资源博览馆 . http://amuseum.cdstm.cn/AMuseum/diqiuziyuan/cr2_1.html.

[2] NREL. Life Cycle Greenhouse Gas Emissions of Crystalline Silicon Photovoltaic Electricity Generation: Systematic Review and Harmonization. Journal of Industrial Ecology. 2012. 16(1). PS122–S135.

[3] 狄韶斌 , 谭金敬 . 家用电器工频电磁辐射水平分析 [J]. 新疆环境保护 . 2006,(02). http://www.chinabaike.com/article/292/293/2007/2007021945215.html.

[4] EIP. 可持续发展工作组专题简报 . http://www.epia.org/index.php?eID=tx_nawsecuredl&u=0&file=/uploads/tx_epiafactsheets/110513_Fact_Sheet_on_the_Energy_Pay_Back_Time.pdf&t=1392549642&hash=1d138128b5d85a8f27d1055e29537f04f6354969.

[5] 董莉 , 刘景洋 , 张建强 , 等 . 废晶体硅光伏组件资源化处理技术研究现状 [J]. 现代化工 , 2014, 34(2): 20-23.

[6] Hou G F, Sun H H, Jiang Z Y. Life cycle assessment of grid-connected photovoltaic power generation from crystalline silicon solar modules in China. Applied Energy, 164 (2016): 882-890.

[7] 太阳能光伏网“中国荒漠资源和可容纳光伏装机”. http://solar.ofweek.com/2013-12/ART-260009-8500-28760712.html.

[8] 长江电力 2013 年发电量减少 14% 因上游来水偏枯 . http://finance.ifeng.com/a/20140102/11387536_0.shtml.